DER **LEITFADEN**

FÜR DEN MÄNGELCHECK

studio karhard®

EINLEITUNG

Der Leitfaden ist eine Merkhilfe für alle, die eine Bauabnahme durchführen möchten: Hauseigentümer, Handwerker, Bauleiter, Bauherren und Architekten. Hier finden sich praktische Tipps zur Abnahmesituation und wichtige Informationen, die ein solides Grundwissen vermitteln und eine fachliche Auseinandersetzung mit dem Thema »Bauabnahme« ermöglichen.

Der Leitfaden im praktischen Pocketformat passt in jede Hosentasche und ermöglicht ein Nachschlagen vor Ort.

INHALT

ABNAHME

Nach Fertigstellung einer Bauleistung/eines Bauwerks durch ein Unternehmen erfolgt die Abnahme durch den Bauherrn (Auftraggeber) oder dessen Vertreter (Architekt). Die Leistung des Unternehmens muss bis auf unwesentliche (bedeutungslose) Mängel fertiggestellt sein. Wird die Gebrauchsfähigkeit durch wesentliche Mängel beeinträchtigt, kann die Abnahme vom Auftraggeber verweigert werden.

Wenn Schäden (z. B. Kratzer) an der ausgeführten Leistung nach erfolgter Abnahme festgestellt werden, ist der Auftraggeber selbst verantwortlich. Die Beweislast liegt nun beim Auftraggeber, der beweisen muss, dass Mängel vom Unternehmer verursacht wurden.

Mit der Bauabnahme endet die Ausführungsphase. Das Bauobjekt geht mit allen Rechten und Pflichten an den Bauherrn über. Bei wesentlichen Mängeln oder einer nicht fertiggestellten Leistung kann die Abnahme verweigert werden.

Die Abnahme kann durch den Auftraggeber ausdrücklich erklärt werden, aber auch stillschweigend erfolgen:

FÖRMLICHE ABNAHME

Bei einer förmlichen Abnahme findet eine Begehung unter Anwesenheit von Auftragnehmer und Auftraggeber statt. Hier wird das fertiggestellte Gebäude begutachtet und auf Gebrauchsfähigkeit geprüft. Es ist deshalb wichtig, dass alle festgestellten Mängel in einem formellen Protokoll (Abnahmeprotokoll, Mängelliste) festgehalten und vertragsgerecht geregelt werden. Beide Parteien (Bauherr und Unternehmer) erhalten eine unterschriebene Durchschrift.

STILLSCHWEIGENDE ABNAHME

Eine stillschweigende Abnahme erfolgt durch eine bereits beglichene Schlussrechnung oder Inbenutzungnahme des Bauwerks durch den Auftraggeber.
In diesem Fall muss der Auftraggeber nach VOB/B innerhalb von sechs Werktagen klar erkennbare Mängel rügen, da er sonst keine Nachbesserung und Minderung verlangen kann.

ABNAHMETIPPS

Es empfiehlt sich, dass der Bauherr bereits zwei Wochen vor dem Abnahmetermin gemeinsam mit dem Bauunternehmer ein erstes Mal durch das Bauobjekt geht und eventuelle Mängel notiert. So kann frühzeitig eine Beseitigung der Mängel in Angriff genommen werden. Daraufhin erfolgt die förmliche Abnahme.

Eine Begehung durch das Bauobjekt sollte immer bei guten Sichtverhältnissen (kein Streiflicht) und mit viel Ruhe erfolgen. Für ein kleines Haus sind ca. drei bis vier Stunden einzuplanen.

Grundsätzlich werden die Räume aus üblichem Betrachtungsabstand kontrolliert, d. h. in aufrecht stehender Haltung.

Eine Begleitung des Abnahmevorgangs durch einen Sachverständigen ist zu empfehlen. Die Kosten für eine Beratung betragen ein bis zwei Prozent der Bausumme. Sie zahlen sich aber erfahrungsgemäß aus, denn Pfusch am Bau kann viel teurer werden.

RÜSTZEUG FÜR DEN MÄNGELCHECK

Klemmbrett, Mängelliste

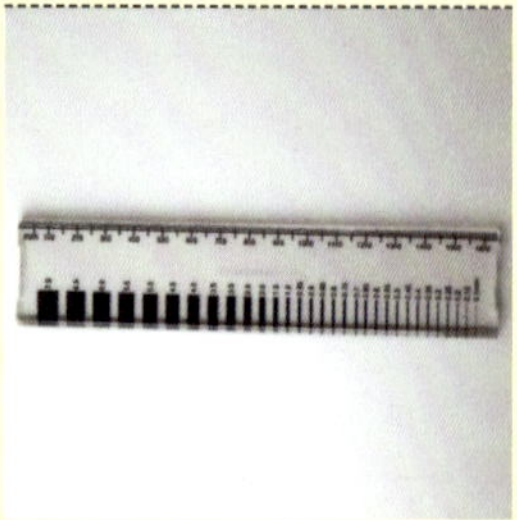

Rissbreitenlineal

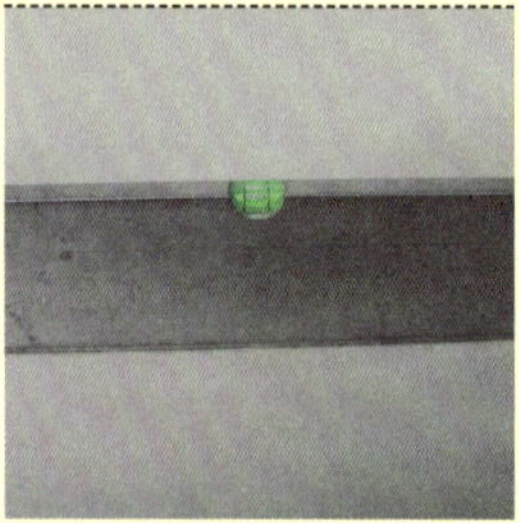

Richtlatte 2 m

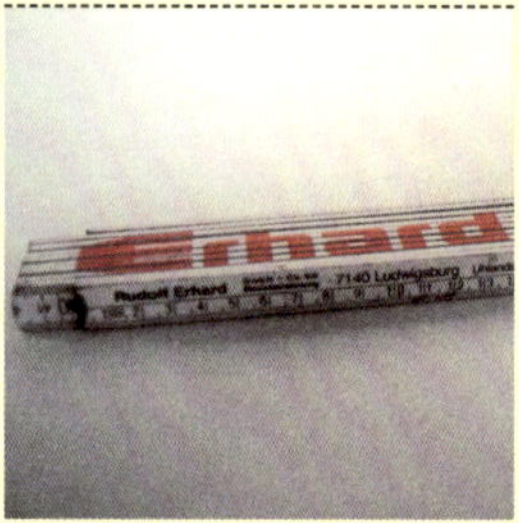

Zollstock

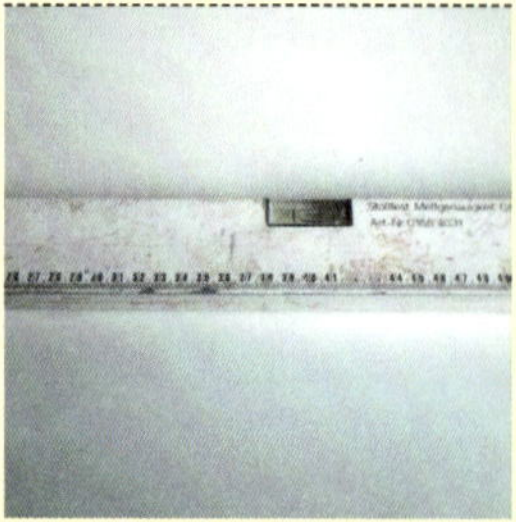

Wasserwaage

Überziehschuhe

Fotoapparat

Taschenlampe

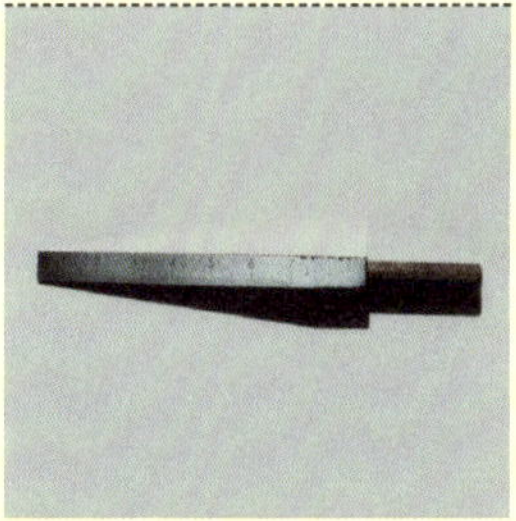

Messkeil mit Millimeter-Teilung

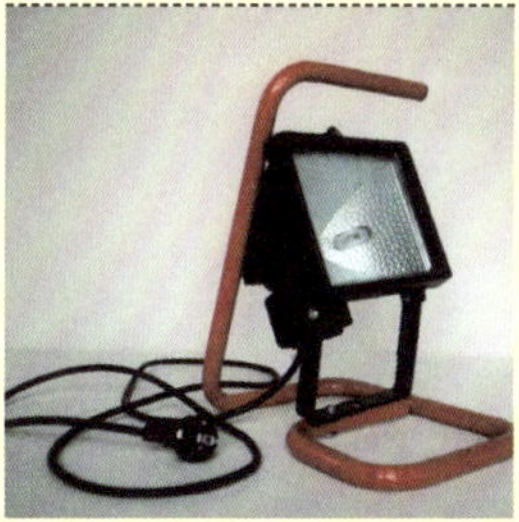

Scheinwerfer

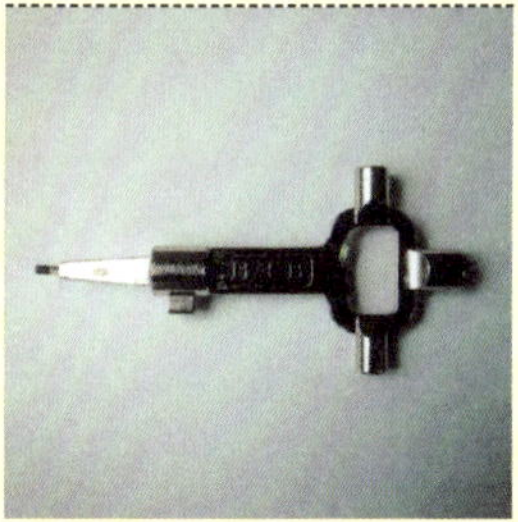

Universal-Bauschlüssel

CHECKLISTE

VORBEREITUNG

Haben Sie einen Satz sämtlicher Pläne vom Architekten?	ja	nein
Haben Sie eine Liste aller am Bau beteiligten Handwerker?	ja	nein
Entspricht die Ausführung der Baubeschreibung bzw. der Bemusterung?	ja	nein
Entsprechen die Einbauten den Angebotsspezifikationen?	ja	nein
Sind die Anforderungen aus Schall- und Wärmeschutz-nachweisen umgesetzt?	ja	nein

Haben Sie die Raummaße kontrolliert?	☐ ja	☐ nein
Stimmt die Anzahl der Lichtauslässe und Steckdosen?	☐ ja	☐ nein
Wurden Lichtschalter, Steckdosen, Telefon, TV richtig platziert?	☐ ja	☐ nein
Sind die Heizkörper am richtigen Ort?	☐ ja	☐ nein
Sind die Fenster/-türen in der vereinbarten Aufschlagrichtung zu öffnen?	☐ ja	☐ nein

Sind alle Wände, Decken und Böden trocken? (keine Wasserflecken oder Schwitzwasser)	☐ ja	☐ nein
Haben Sie die Leitungssysteme auf ihre Funktionsfähigkeit überprüft?	☐ ja	☐ nein
Funktionieren die installierten Anlagen und Geräte einwandfrei?	☐ ja	☐ nein

ALLGEMEIN

Hat die Baureinigung sämtliche Schmutzstellen beseitigt?	☐ ja ☐ nein
Haben Sie die Zählerstände von Wasser, Strom, Gas, Telefon per Stichtag notiert?	☐ ja ☐ nein
Wurden Ihnen die Pflegeanleitungen für Böden, Teppiche, Platten, usw. ausgehändigt?	☐ ja ☐ nein
Haben Sie alle Bedienungsanleitungen erhalten?	☐ ja ☐ nein
Haben Sie bei einem Rundgang um das Gebäude Mängel festgestellt?	☐ ja ☐ nein

1 TÜREN

Schließen die Türen richtig?	☐ ja ☐ nein
Sitzen alle Türdichtungen perfekt?	☐ ja ☐ nein
Laufen die Türen ohne Reibung am Boden?	☐ ja ☐ nein
Funktionieren die Schlösser und sind alle Schlüssel vorhanden?	☐ ja ☐ nein

2 FENSTER

Funktioniert die Fehlbedienungssperre bei allen Fenstern?	ja	nein
Sitzen alle Fensterdichtungen richtig?	ja	nein
Sind die Verglasungen gereinigt (keine Farbspritzer)?	ja	nein
Entsprechen die Fenster dem Wärmeschutznachweis?	ja	nein

3 WÄNDE

Sind die Wände ebenflächig?	ja	nein
Sind die Laibungen rechtwinklig ausgeführt?	ja	nein
Sind die Anschlüsse sauber und gerade?	ja	nein
Sind die Farbtöne richtig?	ja	nein
Sind die Farbanstriche deckend und gleichmäßig ausgeführt?	ja	nein

4 DECKEN

Sind die Decken ebenflächig?	☐ ja	☐ nein
Sind die Decken gleichmäßig gestrichen?	☐ ja	☐ nein

5 BÖDEN

Sind die Böden ebenflächig?	☐ ja	☐ nein
Sind die Fußleisten ohne sichtbare Stöße verlegt?	☐ ja	☐ nein
Sind die Stöße des Belags sauber verarbeitet?	☐ ja	☐ nein
Ist das Fugenbild gleichmäßig?	☐ ja	☐ nein
Gibt es Farbunterschiede?	☐ ja	☐ nein
Sind die Anschlußhöhen zu anderen Belägen in Ordnung?	☐ ja	☐ nein

6 ELEKTRO-INSTALLATION

Sitzen Schalter und Steckdosen senkrecht und in einer Flucht?	☐ ja	☐ nein
Funktionieren Schalter und Steckdosen?	☐ ja	☐ nein
Sind die Abdeckungen verschmutzt oder beschädigt?	☐ ja	☐ nein

7 HEIZUNGS-INSTALLATION

Sind die sichtbaren Heizleitungen senkrecht, waagrecht bzw. parallel ausgeführt?	ja	nein
Sind die Einstellventile in Ordnung?	ja	nein
Sind die Heizkörperbefestigungen nicht mit Wandfarbe übermalt?	ja	nein
Funktionieren die Heizkörper?	ja	nein

8 BAD-EINBAUTEN

Funktionieren die Armaturen?	ja	nein
Wurden die Abläufe gereinigt und sind diese dicht?	ja	nein
Stimmt das Gefälle, wenn vorhanden (z.B. bodengleiche Duschen)?	ja	nein

9 KÜCHEN-EINBAUTEN

Sind Anschlussfugen sauber verarbeitet?	ja	nein
Laufen die Auszüge und Schubladen einwandfrei?	ja	nein
Funktionieren alle Elektrogeräte?	ja	nein

GEWÄHRLEISTUNG

Mit der Schlussabnahme beginnt die Gewährleistungsfrist. Innerhalb dieser Frist muss der Auftragnehmer durch ihn verschuldete Mängel kostenlos beheben. Dies gilt für alle Ansprüche, auch für solche, die bei der Abnahme nicht bekannt waren, aber bereits bestanden (sogenannte verdeckte Mängel). Die Gewährleistungsfrist verlängert sich dann erneut für diesen Mangel/ dieses Bauteil.

Der Bauherr muss die Mängelbeseitigung schriftlich verlangen. Kommt der Auftragnehmer der schriftlichen Aufforderung mit angemessener Frist zur Mängelbeseitigung nicht nach, ist der Auftraggeber berechtigt (in der Regel nach nochmaliger letztmaliger Ankündigung und Verweis auf Leistungsablehnung), vorhandene Mängel auf Kosten des Auftragnehmers durch einen Dritten beseitigen zu lassen. (Ersatzvornahme)

DAUER DER GEWÄHRLEISTUNGSFRISTEN FÜR BAUWERKE

- in der Regel 4 Jahre nach VOB/B (Verdingungsordnung für Bauleistungen 2002), für bestimmte Bauteile (z. B. Dachabdichtung) bis zu 10 Jahre.
- 5 Jahre nach BGB (Bürgerliches Gesetzbuch)

Soll die Regelung nach VOB gelten, muss dies im Vertrag ausdrücklich festgelegt worden sein, sonst gilt BGB. Die VOB kann nur als ganzes Werk vereinbart werden.

In der **VOB** sind die Allgemeinen Bestimmungen für die Vergabe von Bauleistungen (Teil A), die Allgemeinen Vertragsbedingungen für die Ausführung (Teil B) und die Allgemeinen Technischen Vertragsbedingungen (ATVen (Teil C)) enthalten.

Die **ATVen** in Teil C enthalten eine Sammlung von Ausführungsnormen für die verschiedenen Gewerke. In diesen Normen werden die Anforderungen an Werkstoffe und Arbeitsverfahren festgelegt.

MÄNGEL

Von Mängeln spricht man,
wenn zum Zeitpunkt der Abnahme:

- vertraglich zugesicherte Eigenschaften fehlen
- die Bauleistung nicht den anerkannten Regeln der Technik entspricht
- Fehler bestehen, die den Wert/die Tauglichkeit des Werks zum gewöhnlichen oder den vertraglich vorausgesetzten Gebrauch aufheben oder mindern.

Es besteht grundsätzlich Mitteilungspflicht der Handwerker und Prüfungspflicht der Architekten.

Eine im Rahmen der DIN-Normen liegende Ungenauigkeit ist kein Mangel im Sinne der VOB. DIN-Normen müssen ausdrücklich vertraglich vereinbart werden.

Wird die VOB/B für die Ausführung vereinbart, so werden automatisch auch die in VOB/C enthaltenen Allgemeinen Technischen Vertragsbedingungen für Bauleistungen (ATVen) Vertragsbestandteil. Soweit in den einzelnen ATVen auf die Genauigkeitsanforderungen der DIN 18201 und 18202 verwiesen wird, werden diese DIN-Normen ebenfalls Vertragsbestandteil für die Ausführung.

In der **DIN 18201** und **18202** sind die zulässigen herstellungsbedingten Massabweichungen in Form von Toleranzen festgelegt. Diese Toleranzen gelten baustoffunabhängig für die Ausführung von Bauwerken und Bauteilen sowohl im Rohbau als auch im Ausbau. Die Einhaltung von Toleranzen ist nur zu prüfen, wenn es erforderlich ist.

OPTISCHE MÄNGEL

Unebenheiten

Geringfügige Rissbildungen

Verschmutzungen

Kleinere Beschädigungen

Farbabweichungen

u. a.

Optische Mängel sind bei Tageslicht und aus gebrauchsüblichem Abstand zu beurteilen.

Fenstersturz uneben

Teppich (Bitumen)

Beschädigung des Furniers

Verschiedenfarbige Verfugung

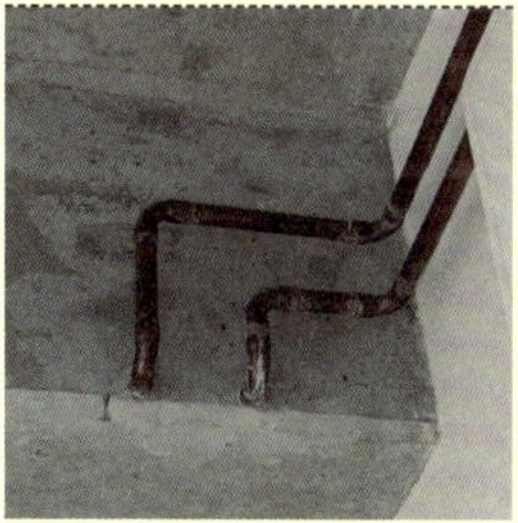

Rissbildung um Heizungsrohre

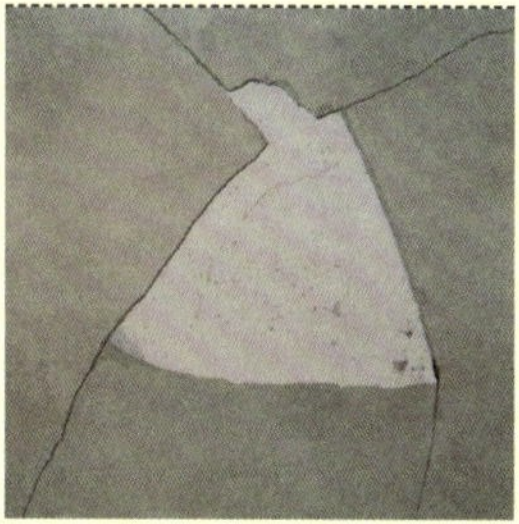

Putzabplatzung,
fehlende Grundierung

Fensterbefestigung eingefliest

Fensterflügel stößt gegen
Vorwand, öffnet nicht 90°

KONSTRUKTIVE MÄNGEL

Rissbildungen

Abplatzungen

Mechanische Beschädigungen

Funktionsstörungen

u. a.

Matrix zur Beurteilung von Mängeln
AlBau, Rainer Oswald
aus: »Hinzunehmende Unregelmäßigkeiten bei Gebäuden«, Seite 20, 47
Vieweg, 3. Auflage, 2005

BEURTEILUNG

KONSTRUKTIVE MÄNGEL

Bedeutung des Merkmals für die Gebrauchsfähigkeit

Grad der Beeinträchtigung der Funktion		sehr wichtig	wichtig	eher unbedeutend	unwichtig
	sehr stark				
	deutlich		**NICHT HINNEHMBAR**		
	mäßig			**HINNEHMBAR**	
	geringfügig				**BAGATELLE**

HINWEIS

»Es ist zu klären, wie stark der Grad der optischen Beeinträchtigung ist, d. h. ob die optische Beeinträchtigung auffällig oder nur bei genauem Hinsehen und Hinweis erkennbar ist.

Weiterhin ist zu berücksichtigen, welche Bedeutung das optische Erscheinungsbild für das jeweilige Bauteil hat. So ist die gleiche optische Beeinträchtigung z. B. auf Wandflächen eines Nebenraums von geringerer Bedeutung als auf Ansichtsflächen einer repräsentativen Eingangshalle.« R. Oswald

OPTISCHE MÄNGEL

BEWERTUNG

NICHT HINNEHMBAR – NACHBESSERUNG

Ist die Nachbesserung der festgestellten Mängel möglich, zumutbar und im Verhältnis zum erzielbaren Erfolg nicht unverhältnismäßig aufwendig, so hat der Auftraggeber einen Anspruch auf Mängelbeseitigung.

HINNEHMBAR – MINDERWERT

Wenn der Aufwand der Mängelbeseitigung unverhältnismäßig hoch ist im Vergleich zum erzielbaren Erfolg, z. B. bei optischen Beeinträchtigungen, kann eine Minderung der Vergütung festgelegt werden. Dem Auftragnehmer ist jedoch stets die Möglichkeit zu geben, anstelle von Minderung den Mangel durch Nachbesserung zu beseitigen.

BAGATELLE

Befinden sich die festgestellten Ungenauigkeiten im Rahmen der Maßtoleranzen, liegt kein Mangel im Sinne der VOB vor. Schönheitsfehler, die die Gebrauchsfähigkeit nicht beeinträchtigen, müssen als unvermeidbar hingenommen werden.

Ausbesserung des Furniers

Glashalteleiste nur nachlackiert

ERFOLGLOSE NACHBESSERUNGEN

TOLERANZEN
bei Wand- und Deckenflächen

BETRACHTUNGSABSTAND

Die Überprüfung erfolgt aus gebrauchsüblichem Abstand.

Eine Überprüfung der Toleranzen findet nur bei augenscheinlich störenden Abweichungen statt. Entscheidend ist der optische Gesamteindruck.

LICHTVERHÄLTNISSE

Übliche gleichmäßige Beleuchtung.

Eine Beurteilung von Unebenheiten im Streiflicht ist unzulässig.

ZULÄSSIGKEITEN

Vereinzelte Haarrisse
(Rissweite unter 0,2 mm)

MESSUNG

Die Richtlatte wird auf zwei Hochpunkte gelegt. Mit dem Messkeil wird der größte Spalt zwischen Wand-/Deckenoberfläche und Unterkante der Richtlatte ermittelt. Unter den auskragenden Enden der Richtlatte darf nicht gemessen werden.

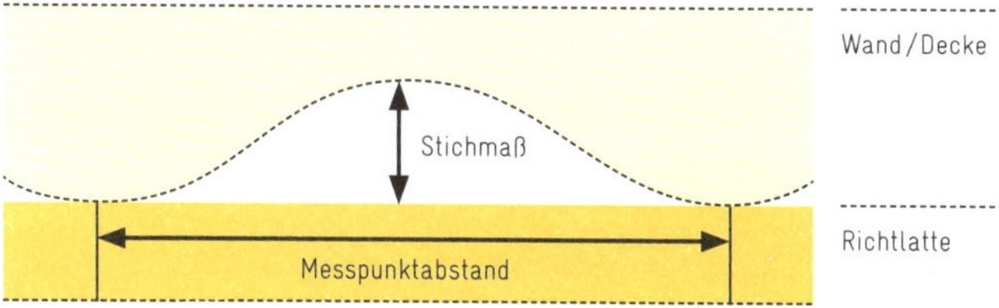

UNEBENHEITEN

Wand nicht ebenflächig

Schacht nicht rechtwinklig

Kante nicht eben

Wand nicht fluchtend

EBENHEITSTOLERANZEN

Grenzwerte für Ebenheitsabweichungen
bei Wand- und Deckenbekleidungen
(flächenfertige Wände und Unterseiten von Decken, z.B. geputzte Wände, Wandbekleidungen, untergehängte Decken)

Messpunktabstand bis	zulässige Abweichung (Stichmaß)	bei erhöhten Anforderungen
0,1 m	3 mm	2 mm
1,0 m	5 mm	3 mm
4,0 m	10 mm	8 mm

DIN 18202, Tabelle 3

Skizze zeigt Ecksituation zwischen Boden und Wand oder Wand und Wand als Horizontalschnitt

WINKELTOLERANZEN

Grenzwerte für Winkelabweichungen eines Winkels bei vertikalen, horizontalen und geneigten Flächen.

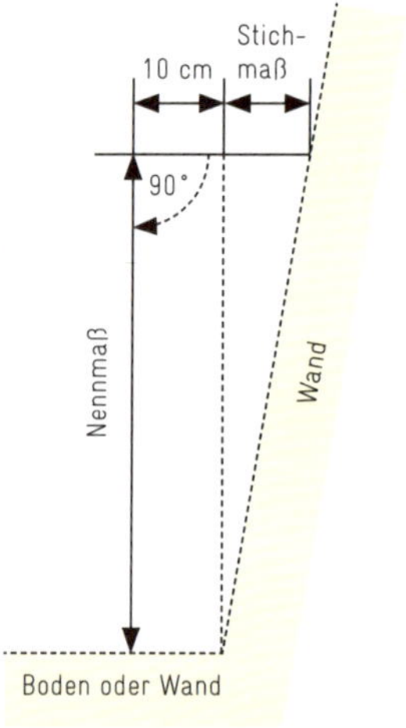

MESSUNG

Die Maße sind jeweils in etwa 10 cm Abstand von den Ecken zu nehmen.

Nennmaß	**zulässige Abweichung (Stichmaß)**
bis 0,5 m	3 mm
über 0,5 m bis 1,0 m	6 mm
über 1,0 m bis 3,0 m	8 mm
über 3,0 m bis 6,0 m	12 mm

DIN 18202, Tabelle 2

TOLERANZEN
bei Bodenbelägen

BETRACHTUNGSABSTAND

Die Überprüfung erfolgt in aufrecht stehender Haltung bei üblicher Raumnutzung. (Eine Betrachtung aus der Sitzposition erfolgt nur wenn gebrauchsüblich.)

Eine Überprüfung der Einhaltung der Toleranzen findet nur statt bei augenscheinlich störenden Abweichungen. Entscheidend ist der optische Gesamteindruck.

LICHTVERHÄLTNISSE

Übliche gleichmäßige Beleuchtung.

Unregelmäßigkeiten, die nur durch Abtasten der Bodenfläche bzw. im Streiflicht zu erkennen sind, stellen keinen Mangel dar.

PRÜFUNG AUF

- optische Störungen
  (Ebenflächigkeit)
- akustische Störungen
  (Hohlklingen einzelner Bereiche)
- nutzungstechnische Störungen
  (Stolpergefahr bei Versprüngen)

Bodenfliese stößt an Wandfliese, Schallbrücke

Rissige Verfugung infolge Estrichabsenkung

ZULÄSSIGKEITEN NATURSTEINBELÄGE

- Abweichung der Ebenheit bei geschliffenen oder polierten Platten nicht mehr als 0,2 % der größten Plattenlänge, und max. 2 mm.

ZULÄSSIGKEITEN FLIESEN

- keine stark störenden Unregelmäßigkeiten z. B. ungleichmäßige Fugenbreiten oder Stolperkanten
- Risse der dauerelastischen Verfugung in Bodenixeln (der Trocknungsprozess bei schwimmendem Estrich bringt in den ersten zwei Jahren nach Fertigstellung eine Absenkung des Belags mit sich, vor allem in den Ecken)
- kleinere Hohlstellen (wenn Haftfestigkeit nicht wesentlich beeinträchtigt ist und keine Bruchgefahr besteht)

ZULÄSSIGKEITEN TEPPICH

- vereinzelte und unauffällige Druckstellen
- Nahtstellen bei Velour- und Schlingenware
  (sind auch bei sachgerechter Verarbeitung sichtbar)
- kleinflächige Schattierungen (shading)
  auf der Oberfläche bei Veloursteppichen
- geringfügige Farbunterschiede innerhalb einer Bahn
- wenige Zehntel Millimeter offene Nähte,
  bedingt durch nachträgliches Schrumpfen
- geringe Beulen- und Blasenbildung
  bei loser Verlegeart (durch hohe Luftfeuchtigkeit)

ZULÄSSIGKEITEN PARKETT

- Rissbreiten zwischen 0,1 und 0,5 mm innerhalb der einzelnen Parkett-Verlegeeinheit

- Haarfugen

- kleinere Kittstellen
  (sofern kein störender Gesamteindruck)

- Äste (sofern sie nicht gehäuft auftreten) und Drehwuchs (abhängig von der vereinbarten Sortierung)

- hohl klingende Stellen
  (soweit sie auf kleine Teilflächen beschränkt sind und sofern der Belag an sich festliegt)

- Wellenbildung auf der Oberfläche
  (sofern diese nur unter bestimmtem Betrachtungspunkt und unter besonderen Lichtverhältnissen erkennbar ist)

NATURSTEINBELÄGE

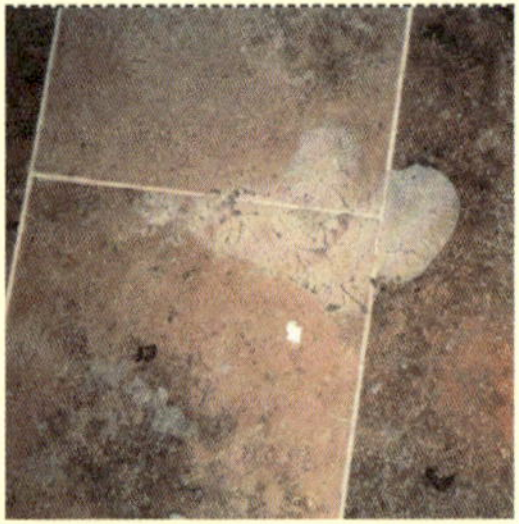

Ausbleichung durch
falsches Reinigungsmittel

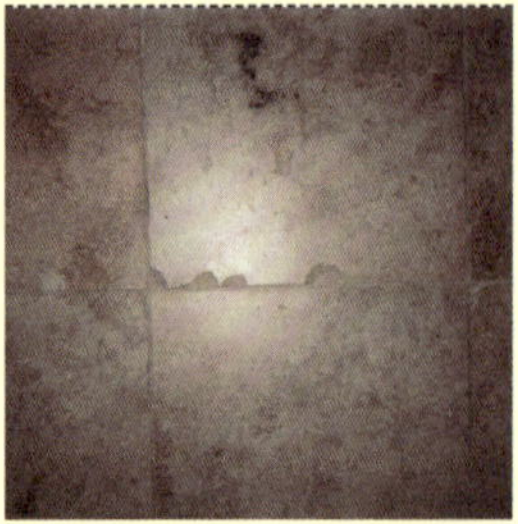

Platten beschädigt

FLIESEN

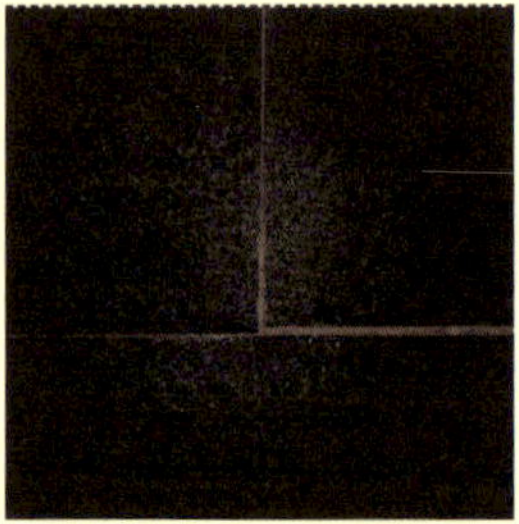

Unterschiedliche Fugenbreiten

Fliesenausschnitt um
Heizkörperrohr zu groß

Teppich wellig verlegt

Stoß stark sichtbar

TEPPICH

Rissbildung, offene Fugen

Klaffende Fuge,
unsaubere Verfugung

PARKETT

MESSUNG

Die Richtlatte wird auf zwei Hochpunkte gelegt. Mit dem Messkeil wird der größte Spalt zwischen Bodenoberfläche und Unterkante der Richtlatte ermittelt. Unter den auskragenden Enden der Richtlatte darf nicht gemessen werden.

Richtlatte

Boden

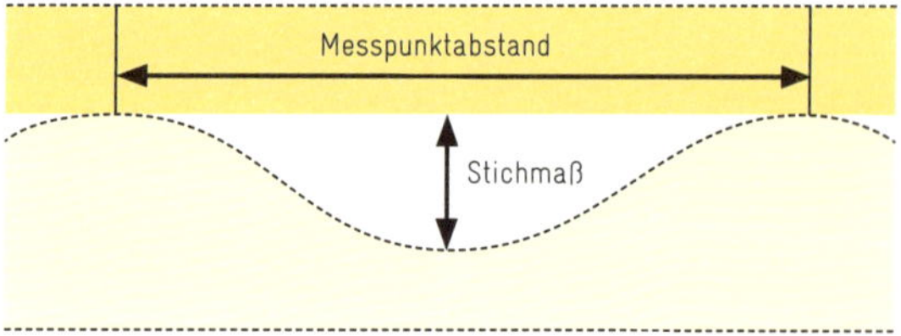

EBENHEITSTOLERANZEN

Grenzwerte für Ebenheitsabweichungen
bei Estrichen und Bodenbelägen
(flächenfertige Böden, z.B. Nutzestriche, Estriche zur Aufnahme von Bodenbelägen, Boden- und Fliesenbeläge, gespachtelte und geklebte Beläge)

Messpunktabstand bis	**zulässige Abweichung (Stichmaß)**	**bei erhöhten Anforderungen**
0,1 m	2 mm	1 mm
1,0 m	4 mm	3 mm
4,0 m	10 mm	9 mm

DIN 18202, Tabelle 3

FUSSLEISTEN

Sockelfliesen auf Tapete geklebt

Offene Fuge, Hohlstelle

Unsaubere Gehrung

Fußleiste mit Kitt
unsauber nachmodelliert

Unsauberer Anschluss

Klebereste, offene Fugen

Gehrungsschnitt unsauber

Sockelleiste lose

Unsauberer Anschluss,
Sockelfliese an Holzfußleiste

Fußleiste wellig gemalert

TOLERANZEN
bei Fensterrahmen (Holz)

BETRACHTUNGSABSTAND

Die Überprüfung erfolgt aus ca. 1 m Entfernung und aus einem Betrachtungswinkel, welcher der allgemein üblichen Raumnutzung entspricht.

Beurteilt werden die sichtbaren Flächen des Rahmens im geschlossenen Zustand.

ZULÄSSIGKEITEN

- geringe Schleifspuren in Längs-/Diagonalrichtung (soweit nicht auffällig markiert)
- Leimreste an Leimfugen (z. B. Rahmenverbindungen) bis max. 3 mm Breite, jedoch nicht auf der Fläche

- sichtbare Befestigungsstellen der Glashalteleisten
  (Nägel/Klammern sollten versenkt, müssen ausgekittet sein)

- ausgebesserte kleine Risse, die nicht schräg verlaufen und kürzer als 50 mm sind

- geringfügige Haarrisse
  (sofern der optische Gesamteindruck nicht beeinträchtigt wird)

- unterschiedliche Schichtdicken der Beschichtung
  (sofern keine optisch störende Wolkenbildung)

- vereinzelt auftretende Tropfnasen, Pinselhaare
  (sofern der Gesamteindruck der Fläche nicht beeinträchtigt wird)

Durch Bitumen-Schweißarbeiten angekohlt

Verunreinigung durch Silikon

TOLERANZEN
bei Verglasung

ANMERKUNG

Fenster dürfen nur im endgereinigten Zustand beurteilt werden.

BETRACHTUNGSABSTAND

Die Überprüfung erfolgt aus ca. 1 m Entfernung und aus einem Betrachtungswinkel, welcher der allgemein üblichen Raumnutzung entspricht. Die sichtbare Fläche muss in eingebautem Zustand sein.

LICHTVERHÄLTNISSE

Optimal ist bei der Begutachtung diffuses Tageslicht (bedeckter Himmel). Abweichungen, die nur bei extremen Lichtverhältnissen (z. B. direkte Sonneneinstrahlung oder künstliche Beleuchtung) zu erkennen sind, dürfen nicht berücksichtigt werden.

EINTEILUNG DER GLASFLÄCHE IN DREI ZONEN

Richtlinie zur Beurteilung der visuellen Qualität von Glas für das Bauwesen

GlasHandbuch 2008,
Seite 258, 259

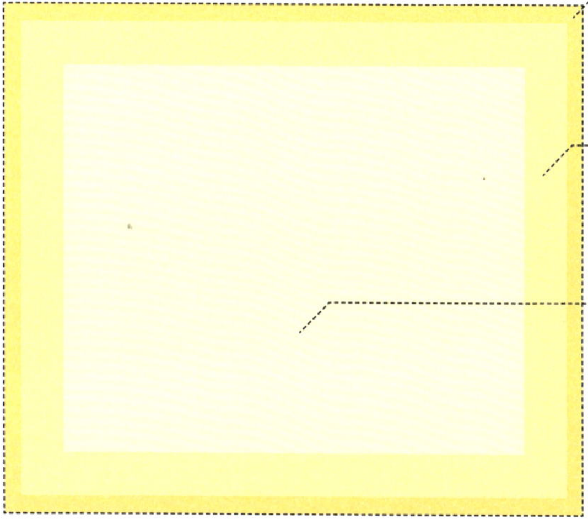

FALZZONE

Scheibenrand = 18 mm Breite
mit Ausnahme von Kantenbeschädigungen keine Einschränkungen

RANDZONE

Fläche = 10 % der jeweiligen lichten Breiten- und Höhenmaße
weniger strenge Beurteilung

HAUPTZONE

strengste Beurteilung

ZULÄSSIG PRO EINHEIT (SCHEIBENFLÄCHE > 1 m^2)

	Falzzone	Randzone	Hauptzone
punktförmige Rückstände im Scheibenzwischenraum	uneingeschränkt zulässig	max. 1 Stück bis 3 mm Durchmesser je umlaufenden Meter Kantenlänge	0,5–1 mm sofern nicht gehäuft
flächenförmige Rückstände im Scheibenzwischenraum	uneingeschränkt zulässig	max. 1 Stück weißlich grau bzw. transparent bis 3 cm^2	–
Einschlüsse, Blasen, Punkte, Flecken, etc.	-	max. 1 Stück bis 3 mm Durchmesser je umlaufenden Meter Kantenlänge	max. 3 Stück bis 2 mm Durchmesser, Scheibenfläche 1–2 m^2
Kratzer Einzellänge Summe der Einzellängen	uneingeschränkt zulässig	max. 3 cm max. 9 cm	max. 1,5 cm max. 4,5 cm
Haarkratzer	uneingeschränkt zulässig	nicht gehäuft erlaubt	nicht gehäuft erlaubt

Eine Anhäufung liegt vor, wenn mindestens vier Einschlüsse, Punkte, Blasen, Flecken, etc. innerhalb eines Kreisdurchmessers von 20 cm auftreten.

TOLERANZEN
bei Sichtmauerwerk

BETRACHTUNGSABSTAND

Fassaden

Die Beurteilung erfolgt aus der Position eines Straßenpassanten, aber nicht aus unmittelbarer Nähe, z.B. vom Gerüst aus.

Hauseingänge, Balkone, usw.

Die Beurteilung erfolgt aus gebrauchsüblichem Abstand.

ZULÄSSIGKEITEN

Mauerwerksverband

Treppenbildung ist zu vermeiden (zulässig sind drei bis vier Stufen). Am Mauerende dürfen keine kleineren Steine als Köpfe verarbeitet sein.

Mauerwerksfugen

Die Breite der Lagerfugen (horizontal verlaufend) sollte im Mittel 12 mm, die Breite der Stoßfugen (vertikal verlaufend) sollte im Mittel 10 mm betragen (sofern kein sehr unregelmäßiges Fugenbild durch stark variierende Fugenbreiten vorhanden ist).

Geringe Farb-/Strukturabweichungen

Wichtig ist eine Mischung der Steine unterschiedlicher Brände.

Geringe Ausblüherscheinungen

Oberflächen-/Kantenbeschädigungen bei Vormauerziegeln und Klinkern

- 2 Oberflächenbeschädigungen (Durchmesser 2–5 mm) bei 1/3 der Steine
- 2 Oberflächenbeschädigungen (Durchmesser 5–10 mm) bei 1/6 der Steine

Rissweiten bis 0,5 mm

Unterschiedliche Fugenfarben

Kalk-Auslaugung

Laibung unregelmäßig verlegt

Mangelhafter Randanschluss

Verlegung ohne Verbandsregel

RISSBILDUNG

Es gibt Risse, die

- aufgrund von Setzung einzelner Gebäudeteile entstehen. Die Ursache liegt meist bei einer mangelhaften Ausführung bzw. Planung des Fundaments.
- aufgrund fehlender oder falsch gesetzter Dehnfugen entstehen. (Risse im Estrich, Fliesenbelägen)
- durch zu schnell abgebundenen Putz/Mörtel entstehen. (Materialschwindung)

Es ist zu klären, ob das festgestellte Rissbild zum Zeitpunkt der Begehung einen Endzustand darstellt oder ob mit einer Erweiterung bzw. Vermehrung der Risse zu rechnen ist.

Bei Umbauten, Anbauten und Ausbauten bestehender Gebäude ist ein gewisses Maß an Rissbildung zwischen Bauteilen (Gipskarton – Massivwände) unvermeidbar und stellt eine hinzunehmende Unregelmässigkeit dar.

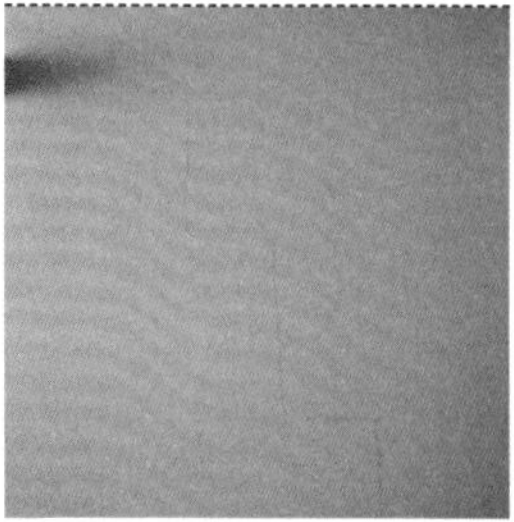

Stufige Rissbildung
im Wandbereich, Setzung

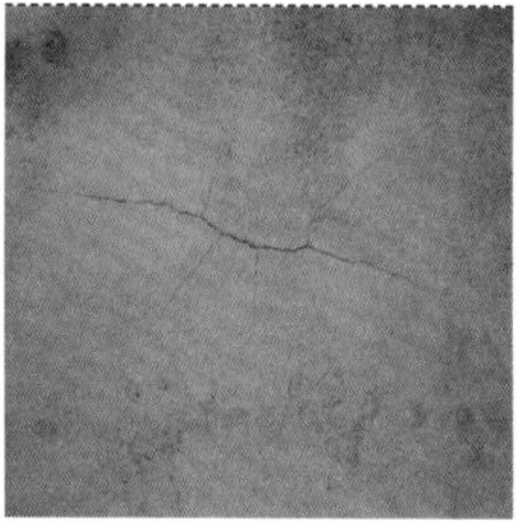

Wandfläche rissig,
Durchfeuchtungsschaden

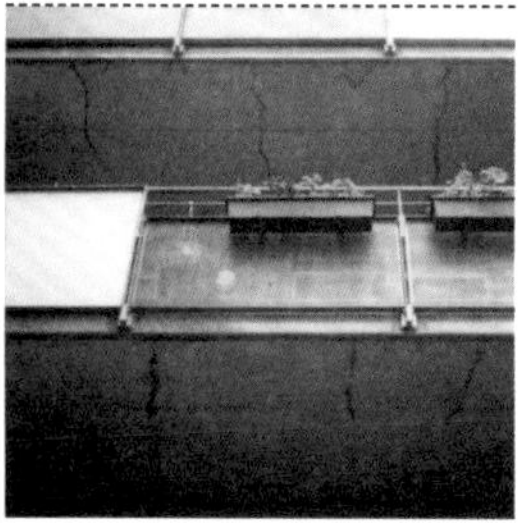

Konstruktive Risse
in Balkonplatten

BAUFEUCHTIGKEIT

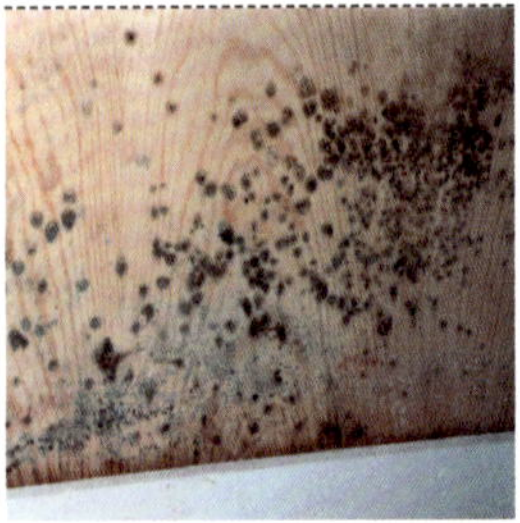

Schimmelbildung
auf Paneelfläche

Da in Bauwerken Materialien wie Beton, Mörtel und Estrich verarbeitet werden kommt es zu hoher Baufeuchtigkeit. Hinzu kommt während der Bauphase einwirkende Außenfeuchtigkeit durch Regen oder Schnee. Diese in Baustoffen (Beton, Mauerwerk) gespeicherte Feuchtigkeit wird langsam wieder an die Luft abgegeben.

Wenn Neubauten nicht gut austrocknen, kann es zu Schäden kommen. (Schimmelbildung, Frostabplatzungen, usw.)

Die Feuchtigkeit aus den Wänden wird ausgetrocknet, indem gleichzeitig geheizt und gelüftet wird.

Je nach Beheizung und Belüftung kann nach mindestens einem Jahr, maximal nach ca. vier Jahren mit der Austrockung eines Neubaus gerechnet werden.

RICHTIG LÜFTEN

Um Kondenswasserbildung am Fenster zu verringern bzw. Feuchteschäden zu vermeiden sollte mindestens 10 min/Tag eine Stoßlüftung erfolgen.

Dies ist ein kurzes intensives Lüften. Fenster und Türen werden kurzfristig weit geöffnet und wenn möglich sollte ein Durchzug geschaffen werden.
Nach 5 bis 10 Minuten ist die feuchte Raumluft durch trockene Frischluft ersetzt, die nach Erwärmung wieder zusätzlichen Wasserdampf aufnehmen kann.

Bei Anwesenheit in der Wohnung sollte dieser Vorgang mehrmals wiederholt werden.

Nur bei längerer Lüftung sollten die Heizkörperventile bzw. Raumthermostate zurückgedreht werden.

Kondenswasserbildung

FOGGING

Fogging

»Der Fogging-Effekt, auch Schwarzstaub oder magic-dust genannt (Schwarzverfärbung von Innenräumen), tritt in Wohnungen in Deutschland meistens zur Winterzeit auf. Als Ursache wird in vielen Fällen Thermophorese angenommen. Das Wort Fogging kommt aus dem Englischen und bedeutet so viel wie Vernebelung. Es ist eine neue Bezeichnung für die sehr lange bekannte Thermophorese, die in Fachbüchern der Aerosolphysik ausführlich beschrieben ist. Im Allgemeinen sind Neubauten oder kürzlich renovierte Wohnungen betroffen.« Wikipedia

LITERATURHINWEISE

RAINER OSWALD, RUTH ABEL
Unregelmäßigkeiten bei Gebäuden
Vieweg & Sohn Verlag, 3. Auflage, 2005

GUNTER HANKAMMER
Abnahme von Bauleistungen
Rudolf Müller, 3. Auflage, 2007

GUNTER HANKAMMER
Schäden an Gebäuden
Rudolf Müller,
1. korrigierter Nachdruck, 2005

JÜRGEN BLAICH
Bauschäden –
Analyse und Vermeidung
Fraunhofer IRB Verlag, 1999

BLUDAU, ERTL, WEBER
Massgerechtes Bauen –
Toleranzen im Hochbau
Rudolf Müller, 5. Auflage, 2002

RALF ERTL
Toleranzen im Hochbau
Rudolf Müller, 2. Auflage, 2008

GlasHandbuch 2008
www.glashandbuch.de
Flachglas MarkenKreis GmbH

ZITATE AUS BRIEFEN VON BAUHERREN

»Küche: aufgrund der Differenz im Fussboden steht der Herd schief. Die rechte Herdseite ist 0,5 Zentimeter höher als die linke. Das ergibt z. B. stets schiefe Kuchen und so weiter und so fort.«

»... wir haben fast ein Jahr die Mängel getestet, geprüft. Wie lange soll noch geprüft werden?
Es reicht jetzt. Wir haben uns die Wohnung gekauft, weil wir noch in diesem Leben Freude daran haben wollten. Bitte, versetzen Sie sich nur einmal in unsere Lage: Wir haben uns für den Rest unseres Lebens verschuldet – für diesen Fusch am Bau.«

SPRÜCHE VON BAULEITERN

»Das guckt sich weg.«

»Das haben wir extra so gemacht.«

»Da machen wir Acryl rein.«

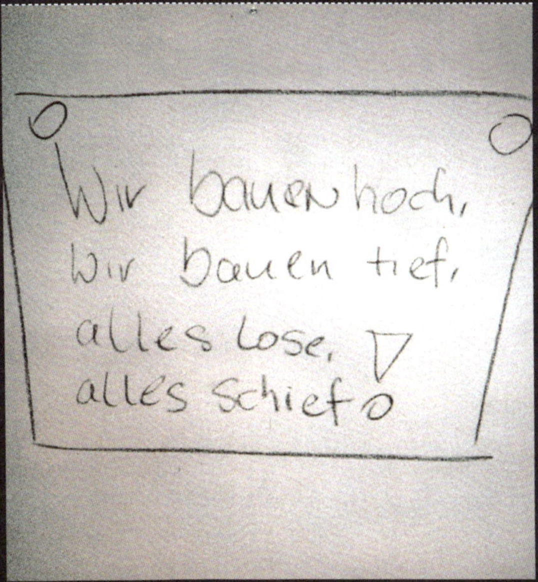

Handwerker

IMPRESSUM

5. Auflage
2000 Exemplare

KONZEPT studio karhard®

GRAFISCHE GESTALTUNG 1.-3. Auflage
studio karhard®

Völlig überarbeitete
und erweiterte 4. Auflage
Borries Schwesinger
www.borries-schwesinger.de

TEXTGESTALTUNG + LEKTORAT Majken Rehder

DRUCK H. Heenemann, Berlin

ISBN 978-3-00-026166-4

BESTELLUNGEN www.maengelquartett.de

Alle Informationen wurden gewissenhaft zusammengestellt, bleiben aber ohne Gewähr für Richtigkeit und Vollständigkeit.

Wir empfehlen grundsätzlich die Konsultation eines geeigneten Fachmanns bei abnahme- oder gewährleistungs-relevanten Fragen.